JN095371

公共土木施設災害復旧の

災害査定添付写真の撮り方

－ 令和 5 年 改訂版 －

一般社団法人　全日本建設技術協会

目　次

1−1 概 要

　災害復旧事業の申請を行う場合には、公共土木施設災害復旧事業費国庫負担法施行令第6条の規定により、目論見書と設計書を提出することとなっており、同時に同法事務取扱要綱第18の規定により、箇所図、被害状況写真等を添付することとされている。

【デジタル技術を活用した災害査定添付写真の撮影】

　近年、公共土木事業においては i-Construction やインフラ DX の推進による生産性、安全性の向上に取り組んでおり、災害復旧事業においてもデジタル技術を活用することで迅速に復旧対応することが望まれている。また、国土交通省では「デジタル技術を活用した災害復旧の手引き（案）」の作成に取り組んでおり、本マニュアルも同手引きに基づいてデジタル技術の活用を促すものである。デジタル技術を用いることで災害写真撮影の効率化を図るとともに、危険箇所への立ち入りを極力低減し、安全に撮影作業を行うことが望ましい。

【添付写真は現地の被災状況を把握、確認するための重要な資料】

　特に、添付写真は、査定前に応急工事を実施する場合、机上により査定を行う場合、被災現場への道路が寸断され、実地査定ができない場合、あるいは現地において不測の事態が発生し、実地を机上に変えて査定を行う場合等には、被災状況を表す唯一の資料となる。

　また、査定後の設計変更や増破による申請（内未成、内転属）、再調査、成功認定、会計検査時等において、重要な資料にもなる。

【添付写真の良否、出来ばえが査定結果に大きく影響する】

　従って、添付写真の撮影にあたっては、撮影目的を明確にして撮影し、一枚一枚の写真がそれらを十分表現できるように構成を工夫することが重要である。

【撮影作業の合理化を念頭に置くことが重要】

　別途トータルステーション等による測量成果がある場合は、写真で位置のみが判定できれば形状、数量などは測量成果により判断可能であるため、写真撮影は必要最小限でよい。

　一方、起終点付近の被災範囲、被災水位や土中、見にくい部分の被災状況等の詳細写真については重点的に準備すべきである。このように、写真撮影にあたっては、力点を置くべきものと合理化を図るべきものを区分して行うことが肝要である。

1-2 写真の撮影目的、種類や構成

　写真の撮影目的については、災害査定を効率的に進めるための説明資料であることから、写真撮影の前に、説明する順序を考える必要がある。一般的に、問題を解決するには、目標設定し、現状把握・分析、課題抽出を経て、対策を立案することが多い。これを災害復旧事業に当てはめると、被災した公共土木施設を原形復旧するという目的に向けて、元の施設の状況、被災施設の範囲や程度などを把握したうえで、被災原因を探して、復旧工法を決定するという流れが一般的と考えられる。添付写真は災害査定を効率的に進めるための重要な説明資料の一つとなることが理解できるはずである。

　このため、査定時に添付写真のみを用いて申請内容の説明を行うつもりで、写真を選定し、組み合わせにも配慮しながら、全体構成を考える必要がある。

　なお、標準的な写真の種類と写真撮影時の留意点等、及び構成順序を次ページに示す。

❖　写真における注記事項について
　「災害査定添付写真の撮り方」では、事例写真を多く用いることで写真撮影時に写すべき箇所、アングル、撮影機材等の情報が分かりやすいように注記を付けた。事例写真に記載された注記は背景色によって下記のとおり、内容を区別している。

吹き出し	記載例
撮影する写真の目的・使用用途	全景写真の目的：被災規模を把握
撮影時に意識するポイント	ドローンにより、背後地が農地であることが分かるように撮影
撮影後に記載を意識するポイント	起終点・測点は写真に記載 （ポールを必ず設置する必要はない）
その他特記事項 （安全やコメントなど）	必要以上の伐採は極力控えること

（1）被災箇所の全景写真

　被災状況の全景、被災の範囲等が良く分かるように被災箇所及びその周辺を合わせて撮影した写真。

　なお、被災箇所の起終点の表示には、ポール等を現地に設置して撮影する必要はなく、撮影後の写真に起終点等を記載したものを用いても良い。

　被災延長が長い場合や範囲が広い場合は数枚の継ぎ写真や組写真、もしくはドローンにより空中から撮影した写真や動画で表現する。

　また、海岸部や斜面、法面での被災のように、全景写真を地上から撮影することが難しい場合、ドローンを活用することで安全性を確保でき、効率的に全景写真を撮影できる。さらに、ドローンで動画撮影した場合、動画から静止画を切り出すことも可能である。

　トータルステーションまたは GPS 測量により査定用設計図面を作成する場合の全景写真の撮影は下記のとおりとする。

① 　被災箇所の起終点の表示には、ポール等を現地に設置して撮影する必要はなく、撮影後の写真に起終点等を記載したものを用いても良い。ただし、写真では起終点付近の距離やポール位置の判別が難しいと考えられる場合には、水平ポール、旗付ポールを設置する等延長の判別が可能となるよう工夫する。

② 　水深の深い大きな河川、海岸の水中・水上部ではポール等の設置は行わないこととする。

③ 　原則として、リボンテープは使用しないこと。リボンテープに代えて、杭間距離表示及びスケールを貼付するほか、設計図面に基づき、引き出し線により主要な寸法（高さ、距離）を表示する。

④ 　被災前形状を表示する必要がある場合は、写真に線画表示する。

┌
　ただし、ポール縦横断測量により査定用設計図面を作成する場合にはこの限りではない
└

全景写真の目的：被災した構造物、被災延長、被災要因の概要を把握する

ドローンにより、海上からの視点で全景を撮影している。

起終点・測点は写真に記載。
（ポールを必ず設置する必要はない）

背後地の状況を把握するため、より広範囲の写真を撮影することが望ましい。

ブロックの崩壊状況・背後地盤のすべり状況を撮影。

写真－1　全景写真の撮影事例

起終点・測点は写真に記載。
（ポールを必ず設置する必要はない）

地上からカメラで撮影した場合は、継ぎ写真とする。

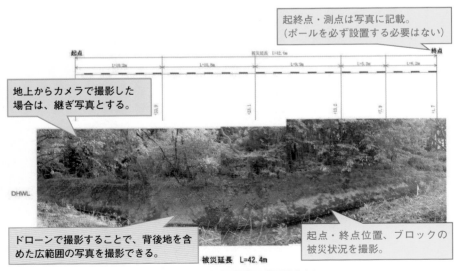

ドローンで撮影することで、背後地を含めた広範囲の写真を撮影できる。

起点・終点位置、ブロックの被災状況を撮影。

写真－2　全景写真の撮影事例

被災前後の写真の目的：被災規模、復旧工事の規模の把握

ドローンにより、河道上空からの視点で平常時の状況を撮影。

被災前後を比較する際に目印となる物（構造物、樹木等）を撮影する。

平常時の澪筋の状況、堆砂状況、背後地状況を撮影。

平成30年7月3日の状況

写真－3　ダム上流側の河道流下状況（被災前の写真）

ドローンにより、河道上空からの視点で被災時の状況を撮影。

被災前後を比較する際に目印となる物（構造物、樹木等）を撮影する。

平常時の澪筋の状況、堆砂状況、背後地状況を撮影。

令和元年10月29日の状況

写真－4　被災後状況（土砂の異常堆積）

(2) 前後、周辺、背後地、上・下流の状況写真

　被災箇所の周辺にある家屋・道路・鉄道・公共的施設・背後地の土地利用状況（田畑など）・前後（上下流）にある施設の河川・道路施設等を撮影した写真。

　特に天然河岸や海岸の災害では、背後地の土地利用状況が採択の判断要素になり、復旧工法の検討では、既設の施設や周辺の状況も重要な判断要素となる。

　また、被災箇所付近での利用状況（魚釣り、海水浴、イベント等）なども合わせて添付しておくと参考になる。

周辺写真の目的：土地利用形態から採択の可否、復旧優先度を判断する。

ドローンにより、河道上空から背後地を含めた河道状況を撮影。

背後地の土地利用が分かるように状況を撮影。

より高い高度から俯瞰した写真を撮影することで、広範囲の背後地状況が把握できる。

写真－5　背後地の状況

地上からカメラにて背後地状況を撮影。

背後地の土地利用が分かるように状況を撮影。

ドローンで撮影することで、より広範囲の背後地状況や、距離感を把握できる。

写真－6　背後地の状況

(3) 横断写真

　各測点、主要箇所の横断状況を表す写真。復旧工法を検討するための重要な写真であり、ポール等を用い、主要な横断図との対比ができるように工夫する。

　トータルステーションまたはGPS測量により査定用設計図面を作成する場合の横断写真の撮影は下記のとおりとする。

① 各測点及び横断測線の端部にポールを設置する。
② 水深の深い大きな河川、海岸の水中・水上部ではポール等の設置は行わないこととする。
③ 必要に応じて、引き出し線により主要な寸法（高さ、距離）を表示する。
④ 被災前形状を表示する必要がある場合は、写真に線画表示する。

> ただし、ポール縦横断測量により査定用設計図面を作成する場合にはこの限りではない

横断写真の目的：復旧工法の検討、施工規模等の概略の把握

被災箇所の幅員が小さい場合、安全に撮影が可能な場合は、地上からカメラにて横断形状を撮影。

ポールや測点マーク、主要寸法など、施工規模の概略が分かる数値等を記載。

近接するのが困難な場合や危険を伴う場合は、ドローンにより安全に撮影できる。

写真－7　横断写真

（4）詳細写真

　局部的な被災状況（河床の洗掘、のり面の土質、湧水状況、地盤の亀裂、法勾配の変化、構造物の傾斜状況、路面の状況等）や被災の範囲（起・終点、被災部分と未被災部分の区別）等を明確に、また、わかりやすくするため、被災部分を拡大して撮影した写真。

　全景写真等では、被災の状況等が確実に判断できない場合が多いので、適宜判断し付け加える必要がある。

　また、被災の原因となったと思われる箇所等の状況写真も、復旧工法を決定する際の重要な写真となるため、撮影して添付しておく必要がある。

　詳細写真は、360度カメラによる撮影や動画撮影を行うことで撮影箇所の撮り漏れを防止することができる。

> **詳細写真の目的：起終点位置・被災箇所の主要寸法の確認、復旧工法検討**

起終点位置の設定根拠となる箇所（その周囲も含む）を撮影し、理由を記載。

被災箇所への立ち入りに危険が伴うような場合はドローン等を積極的に活用する。
やむを得ない場合は足場等の確認を行って安全確保するとともに水際部等ではライフジャケットを着用する。

（理由）
側方侵食の痕跡が認められる下流側を起点とした。

被災箇所対岸から正面向きで撮影。
（被災・未被災箇所を含めて、広範囲に撮影することが望ましい）

復旧延長　L＝42.0m

写真－8　起終点位置の決定根拠

構造物の勾配、諸元を計測、撮影。

写真－9　構造物の主要諸元の確認

(5) 出水・越波状況、水位痕跡、水防活動状況写真

　被災後の写真だけでなく、台風、豪雨等による災害の規模や増水等による一般家屋等への浸水被害状況及び施設の被災中の状況等を示す写真も必要。

　特に、河川災では被災水位が、また、海岸災では越波の規模等が災害採択の決定要件となることから、出水状況（特に洪水の最高水位時）や出水後の水位の痕跡、越波の状況等がわかるような写真が必要である。

　また、漏水による堤防被災については、現地において判断のつき難い場合、水防活動を行った状況写真が必要である。

　したがって、出水時等にはできるだけこれらの写真が撮影できるよう平素から心掛けておくことが肝要である。

被災写真の目的：災害規模の把握（災害採択の決定要件となる）

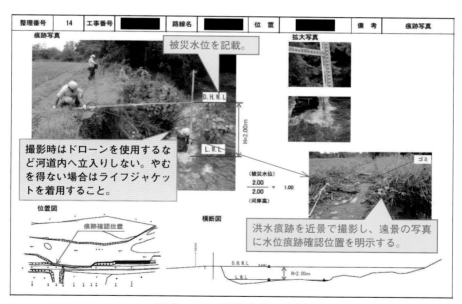

写真－10　痕跡水位の確認

被災時状況写真の目的：被災根拠、被災時水位、被災要因の把握

損傷箇所を含めた出水時の状況を撮影。

写真－11　出水の状況

越波の状況を撮影。

写真－12　越波の状況

漏水状況や応急復旧状況を撮影。

写真－13　漏水（土のう積）の状況

(6) その他

机上査定及び事前着工箇所（応急工事、応急本工事箇所等）で現地の状況を査定前に改変する箇所等は、写真のみがその採否を決定する唯一の判断材料となるため、特に写真撮影には細心の注意を払う必要がある。

特に、事前着工箇所の場合、被災状況はもとより、その延長・土量等の数値的判断も写真でしか行えないため、ポール等を用いるか、若しくは目印となる物（構造物、樹木等）を撮影し、それらが概略判断できるような写真とする必要がある。事前着工の被災状況写真は応急工事の受注業者に写真の撮影目的・意図のほか、撮影方向を明確にしたうえで依頼することで写真の撮り忘れ等を防ぐことができる。また、施設のパトロール時に写真を撮影することで被災状況確認等に役立てることができる。

その他写真の目的：事前着工前の状況把握、復旧延長・土量の概略把握

被災箇所が小規模で、地上から安全に撮影できる場合はカメラにて撮影。

被災直後の状況　撮影日：令和3年7月7日

応急復旧の着手前に、被災状況、延長を撮影。

数量を把握するため、危険を伴わない範囲で延長、高さなどを計測することが望ましい。
※ UAV レーザ測量で計測が可能。

写真－14　被災直後の状況写真

応急復旧の状況　撮影日：令和3年7月8日

応急復旧状況を撮影。

急斜面での被災の全景を示す場合は、ドローンによる撮影が有効。

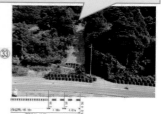

数量を把握するため、危険を伴わない範囲で延長、高さなどを計測することが望ましい。
※ UAV レーザ測量で計測が可能。

写真－15　応急復旧の状況写真

1－3　机上査定において特に配慮すべきこと

　災害査定は現地において行うことを原則としているが、一方で机上査定やリモート査定を積極的に活用し査定業務の効率化、省力化を進めていくことが重要である。

　特に、
- ○　1箇所だけ遠隔地にあって、現地に行くのにかなりの時間を要する場合
- ○　査定時の天候条件により、現地での査定が急遽困難となった場合
- ○　大震災等のような大災害及び一部地域で災害が集中多発し、実地査定に多大な時間を要する場合

等においては、迅速な査定及び早期復旧の観点から机上査定やリモート査定を最大限、効果的に活用していく必要がある。

　また、机上査定の対象額を超える申請金額であっても実地査定が困難である場所については、積極的に机上査定やリモート査定の導入を申し入れすることが有効である。なお、机上査定やリモート査定は事前の準備が大変と言われているが、その作業のポイントを習得すれば、案外難しいことではない。むしろ、机上査定やリモート査定を有効活用することで、申請者の負担を軽減することが可能である。

【机上査定やリモート査定は、図面や写真のみが頼り】

　したがって、
- ①　被災直後の測量がされていない場合については、延長、土量等の数量的判断、また、河川にあっては洪水痕跡水位の確認が出来るようポール、スタッフ、リボンテープ等を用いて撮影すること。
- ②　写真のみでは説明しにくい箇所については、現場のビデオ映像、被災箇所のスケッチなどを用意すること。
- ③　写真構図のとりかた、レンズの種類と画面の範囲、逆光や暗所での撮影時にストロボの使用等、撮影技術についても知識を得ておくこと。
- ④　一度の撮影だけでは、判読しにくいあるいは不足と思われる場合は再度撮影し直すこと。

　等の点に特に留意することが必要である。

　また、360度カメラ画像、ドローンによる空中写真・動画等は被災箇所全体、局所的な状況を把握、説明を行うことに有効であるため、積極的な活用が望まれる。

2　写真撮影における留意事項

写真の撮影にあたって、次の事項に留意する必要がある。

2－1　一般的留意事項

（1）　写真の説明書き及び整理

○　写真には、流水の方向（または路線の方向）、起終点、延長、距離 No. また、地すべり等にあってはその範囲等を赤色の引き出し線等で記入する。

○　河川構造物の被災では、起点は下流側、終点は上流側に設定する。

○　河川の被災箇所を撮影する方向は、図面と対比しやすくするため上流から下流（砂防施設では下流から上流）を望む方向を基本とする。下流から撮影した写真は、流向や「下流側より望む」等の注記をする。

○　写真には番号を付し、平面図で撮影位置、方向が分かるようにする。

○　写真等に模式図やスケッチ、状況説明等を書き加えておくと、内容が理解しやすくなる。特に、被災メカニズムや起終点の設定根拠を吹き出し形式で記載することが望ましい。

○　写真の整理は、A4 サイズに出力して行う方法が一般的であるが、平面図に貼付して図面と対比させるようにしたものもある。

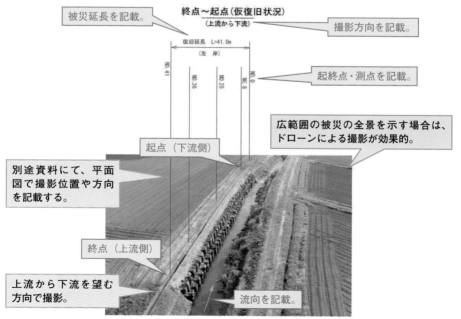

写真－ 16　写真に記載する注記事項

(2) 被災箇所の下草刈り

○ 撮影に際しては、被災箇所を明確にするために、必要な範囲・程度を考慮して必要最小限の下草等の伐採を行う。

○ 立木等は工事実施上・査定上特に支障となるもの以外は伐採しないよう配慮する。

○ 特に天然河岸等における竹林等の伐採については、もし不採択となった場合、河岸が従来より弱くなることから、より慎重に扱う必要があり、また、その他の場合でも必要以上の伐採はいたずらに自然環境を乱してしまうことから厳に慎まなければならない。

必要以上の伐採は
極力控えること。

写真ー17 下草等が伐採されている状況

査定前の現地調査に
おいても無用な伐採
を避けること。

写真ー18 樹木の保全例

(3) 被災直後の撮影

○ 災害発生から時間が経過するとともに、被災の状況が分かりにくくなるため、写真は被災直後のできるだけ早い時期に測量等の作業に併せて撮影する（ドローンによる空中写真や360度カメラ画像・動画等も有効）。

○ 特に天然河岸、天然海岸等については雑草等が繁茂したりするので十分注意する。

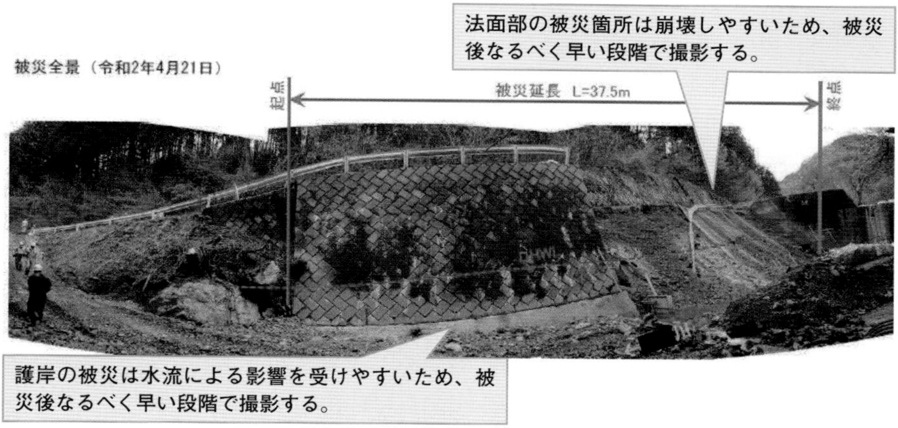

被災全景（令和2年4月21日）

法面部の被災箇所は崩壊しやすいため、被災後なるべく早い段階で撮影する。

被災延長 L=37.5m

護岸の被災は水流による影響を受けやすいため、被災後なるべく早い段階で撮影する。

写真－19 護岸法面の被災

ドローンで撮影することにより、背後土砂の崩壊状況が分かりやすい。

海岸は波浪による影響を受けやすいため、被災後なるべく早い段階で撮影する。

NO.8

L=78.4m

NO.4+1.6

写真－20 海岸の被災

(4) 延長、範囲の分かる全景写真

○ 起終点、各測点のみにポールを立てて撮影する。ただし、必ずしもポール等を現地に設置したものを求めるものではなく、撮影後の写真に起終点等を記載したものを用いてもよい。

○ 写真には「赤色」で起終点、測点 No.杭間距離、スケール等を記入する。

○ 延長が長い場合や範囲が広い場合は、数枚の継ぎ写真や組写真、もしくはドローンにより空中から撮影した写真、360 度カメラによる写真で表現する。

　　また、全景写真を地上から撮影することが難しい場合は、ドローンにより空中から全景写真を撮影することで被災箇所全体の状況を把握しやすい写真となる。例えば、次のような被災箇所ではドローンによる撮影が効果的である。

【河川・砂防】湾曲部・護岸の被災、越水・破堤による広範囲の浸水
　　　　　　　河道の埋塞

【海岸】海岸護岸・離岸堤・突堤の被災

【道路・急斜面】のり面崩れ

○ 被災の起終点付近は、上下流や前後区間を含めた広範囲を撮影することで被災区間と未被災区間が判別できるように工夫した構図で撮影する。(被災の大きい部分のみを撮影している事例が多い。)

【現地にポールを設置した場合】　　【撮影した写真に起終点を記載した場合】

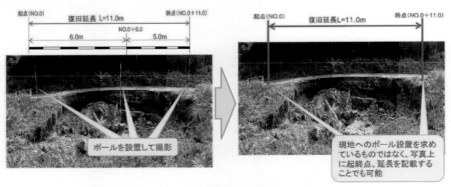

写真− 21　延長を示す全景写真の事例

（5）応急工事着手前の写真

○　応急仮工事、応急本工事等は査定前に着手する必要があり、査定時には被災施設等が除去され、また、現地が改変されているため被災事実の確認ができない。

○　したがって、被災の事実、被災施設の形状、寸法等（被災直後の測量をしない場合は数量も）が判断できる写真を撮影し、写真でそれらが証明できることを確認してから工事に着手する。

○　特に起終点、末端部は、その位置が確認できるよう十分配慮する。

○　また、ガードレール、側溝、歩道境界ブロック等、通常再利用の可能性のあるものについて、再利用しない場合は再利用できないことを証明する写真を撮影しておくこと。

○　工事着工前の被災状況写真は応急工事の受注業者に写真の撮影目的・意図のほか、撮影方向を明確にしたうえで依頼することで写真の撮り忘れ等を防ぐことができる。

○　応急復旧前の現地状況を把握できるよう、施設パトロール時にも写真を撮っておくことが望ましい。

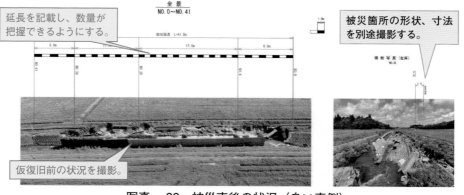

延長を記載し、数量が把握できるようにする。

被災箇所の形状、寸法を別途撮影する。

仮復旧前の状況を撮影。

写真－22　被災直後の状況（良い事例）

起終点の設定根拠を記載する。

工事着工前の被災状況写真は応急工事の受注業者に依頼することで写真の撮り忘れ等を防ぐことができる。

全景を撮影するため、ドローンにより正面から撮影している。

大型土のうによる仮復旧状況を撮影。

写真－23　仮復旧後の状況（良い事例）

同じ視点から被災範囲をポール等で示し、引出し線で延長表示する必要がある。

このアングルでは起終点の判断が難しい。アクセスが困難な場合は、延長を示すため、ドローンにより撮影することが効果的である。

写真－24　応急工事着手前の状況（情報が不十分な事例）

応急後の起終点にも、引出し線で延長表示する必要がある。

写真－25　応急工事実施後の状況（情報が不十分な事例）

　応急工事着手前の写真が不足する場合、応急工事の範囲が正しいか判断できず、採択延長が申請時のものから減少となることがある。
　また、応急工事後の起終点にもポールを立てて引き出し線で延長表示する（撮影後の写真に起終点等を記載してもよい）。

ガードレール、コンクリート管の再利用がどの程度可能か、分かる写真を複数枚準備する。

（A）ガードレール

（B）コンクリート管

写真ー26　再利用証明の状況

写真－27　ガードレールの被災状況

〈緊急時の場合〉

○　道路上に崩土等があった場合、被災者の救出・発見等の為一時の猶予もなく崩土の除去等を行わなければならない場合がある。

○　このような場合にあたっては、作業の支障とならない範囲でなるだけ多くの写真を撮影することとし、且つ写真の中には周辺の不動の目的物（場合によっては目印を付ける）あるいはすぐ手に入る材料等をポール代わりに写し込む等して、事後に概略の数量把握等ができるよう工夫すること。

○　なお、数量等について何等確認・証明できる資料が無い場合は、最悪の場合被害として採択されない場合もあるので、充分注意する必要がある。

崩土の全景や延長は、地上から撮影することが難しいため、ドローンで撮影することが望ましい。

起終点位置が写真上でわからないため、起終点を示す線は写真上に伸ばして示すこと。

L=j4m

地上から撮影する場合は、奥の方が分かりにくいため、反対側からも撮影する。

写真－28　崩土箇所の写真（地上から撮影した例）

崩壊箇所をドローンにより正面から撮影し、延長を記載することで分かりやすく示した事例。

H=7m

被災延長L=22.0m
起点NO.0　　　　　　　　　終点NO.1+2.0

応急復旧工の整備の前後で撮影を行う。

被災延長　L=22.0m

写真－29　崩土箇所の写真（ドローンで撮影した事例）

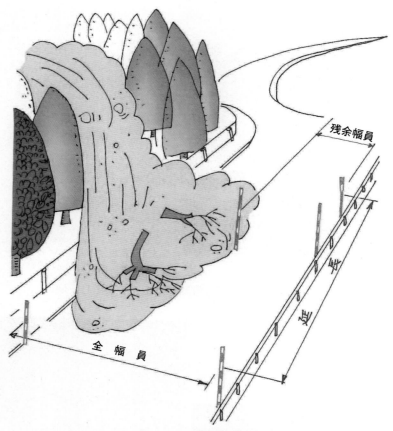

残余幅員

延長

延長

全　幅　員

図－1　崩土に伴う道路幅員の測定

　有効幅員と崩土に伴う残余幅員の測定をする。延長と幅員は別々の写真とする。

被災箇所の状況を査定前に改変する
場合は、その被災の状況や程度が分
かるように撮影しておくこと。

写真－30　応急工事をする前の舗装下の洗掘状況

写真－31　応急工事で舗装撤去を行った後の状況

(6) 構造物の被災状況

○ 擁壁、護岸等の構造物の被災については、破損、はらみ出しの状況等をスタッフ、リボンテープ、ポール等を利用して安全には十分に留意のうえ撮影する。

○ 特に亀裂等はペイント等で明示する、あるいはその寸法まで分かるように工夫する。また、擁壁等の押し出しによる勾配の変化、はらみ出し、ズレ等についても判読できるようにポール等で表示するなど工夫して撮影する。

浮き・亀裂が生じているブロックをペイントし、写真上で囲んで示す。

河道内への立ち入りや被災した護岸付近での撮影時は、安全性に十分注意する。

ブロック背面の空洞部をポールで測定し、写真上に記載して示す。

約30cm

写真－32　護岸ブロックの被災状況

（7）　資料の整合性の確認
　○　撮影された写真内容と添付された各種図面（現況図）の整合性（数量
　　　等）の確認を必ず行う。
　○　写真での表示寸法（引出し線で表示の寸法を含む）と図面での寸法が
　　　かい離する場合、測量成果等の資料全体の信頼性を損なうことにもな
　　　りかねないので注意する。

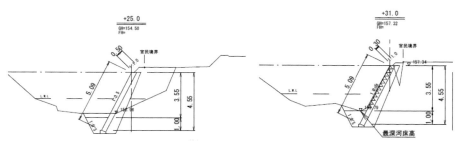

写真－33　現地写真と測量図との対比

(8) 再度の撮影

○ 設計変更や再調査時に使用する写真については、査定時の被災写真に対比して、その後の状況変化、増破等が明確に判断できるように撮影位置（同じ地点）等を工夫して撮影する。

昨年度被災状況

今年度被災状況

写真－34　再度災害発生箇所を年度で比較するように撮影した事例

2-2 デジタル技術の活用

(1) 概要

災害査定添付写真の撮影時にデジタル技術を使用することにより、査定に適した分かりやすい写真が撮影でき、かつ作業の効率性、安全性を向上させることが期待できる。「2-3 工種別留意事項」では、河川、海岸、砂防などの各分野で特徴的な被災形態に対し、デジタル技術を用いた写真の撮影方法や撮影時の安全性を向上させる方法について事例を紹介する。

(2) デジタル技術の一覧

本書で紹介する主要なデジタル技術の一覧を**表-1**に示す。

表-1 デジタル技術の一覧

デジタル技術	機材イメージ	概要
ドローン		被災箇所上空から航空写真を撮影することで、広域の平面写真、斜め写真の撮影が可能。危険箇所へ近接せずに撮影することができる。 【適用範囲】全景・背後地状況・起終点・横断・詳細
360度カメラ		360度の視点での写真と動画の撮影が可能。動画を用いれば、現地に赴かず細かな状況を把握でき、撮影漏れの防止となる。 【適用範囲】全景・詳細写真、動画
UAVレーザ測量		UAVにレーザ測量機を搭載し、上空からレーザ測量を行う。広範囲の地形を遠隔で取得できるため、危険箇所への近接を回避でき、安全性が向上する。 【適用範囲】詳細状況の把握、測量
水中ドローン		カメラを搭載した水中遊泳型のドローンであり、水面下の構造物の変状や被災の概況を把握可能。 潜水作業を回避できるため、作業の安全性向上が期待できる。ただし、水質（濁度）等の使用上の制約条件がある。 【適用範囲】水中部の詳細写真

(3) デジタル技術の活用事例

① ドローン

　ドローンを活用することで、地上から撮影できなかったアングルの被災状況写真を撮影することができる。被災状況の把握が円滑に行うことができる。また、作業人員の削減にも貢献できる。

写真ー35　ドローンを使った海岸部被災状況写真の事例

② 360度カメラ

　全方位の画像を1度に取得し、任意の箇所を拡大・縮小して取り出すことが可能できる。ただし、広角レンズで撮影した画像は、端部等で歪みが発生することから、注意を要する。

【アプリケーションで全体を球面表示した画像】　【被災箇所を拡大して取り出した画像】
写真ー36　360度カメラ画像から被災箇所をトリミングした事例

2－3　工種別留意事項

　ここでは、工種別に災害復旧事業の適用範囲となる公共土木施設等における災害査定添付写真の撮り方について、必須事項や留意事項等を整理して写真撮影時のポイント一覧を取りまとめる。

(1) 河　川

① 　環境に配慮した工法選定の判断資料とするため被災施設、上下流あるいは前後施設等の環境工法の状況及び河川環境の状況等が確認できるよう撮影すること。

広域写真の目的：被災箇所周辺の河川環境の把握、復旧工法の選定材料

広域に撮影することで、被災箇所が支川合流部付近で、背後に民家や道路が位置していることが分かる。

ドローンで上空から撮影することで広域の河川状況を把握できる。

被災を受けた左岸だけでなく、右岸の自然状況、護岸の整備状況も撮影する。

写真－ 37　前後施設等の把握

② 被災原因としての深掘れの状況、根浮きの高さ（垂直高）、根切れの深さ（水平長）等が分かるようポール、スタッフ等で表示して詳細写真を撮影すること。ただし、水深の深い大きな河川では、他の撮影手段がなくやむを得ない場合を除き、ポール等は行わないこと。河道内に立ち入り計測、撮影する場合は、ライフジャケット、ゴムボート等を使用し、安全な方法で測量する。

状況写真の目的：被災規模・復旧の概略数量の把握、復旧工法の検討

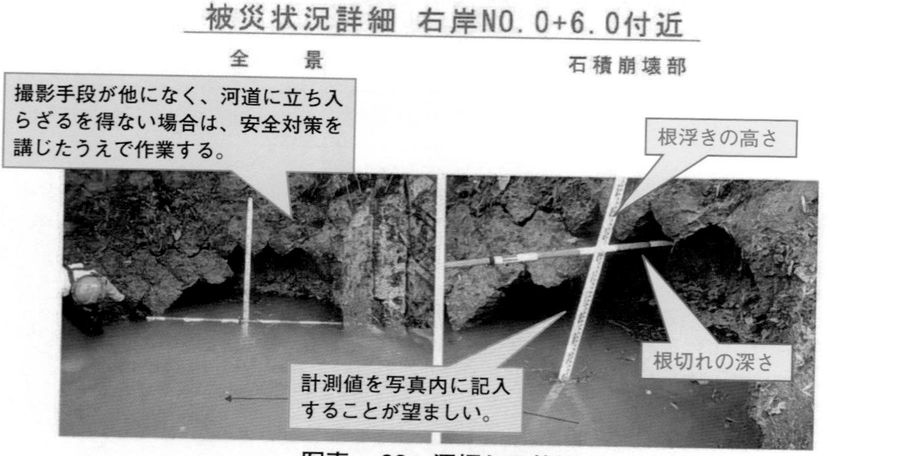

被災状況詳細　右岸NO.0+6.0付近

全　　景　　　　　　　　　　　石積崩壊部

撮影手段が他になく、河道に立ち入らざるを得ない場合は、安全対策を講じたうえで作業する。

根浮きの高さ

計測値を写真内に記入することが望ましい。

根切れの深さ

写真－38　深掘れの状況

ライフジャケットを着用すること。

水深が大きい場合はポールの設置はせず、安全な方法をとること。
（水中ドローンの活用も想定される）

△測点32.99 付近

写真－39　洗掘箇所での注意点

ライフジャケットを着用し、河道内への立ち入りには安全に十分注意する。

写真－40　根固めブロック被災箇所の計測状況

水深の深い箇所で水中ドローンとソナーを併用することで洗堀状況を確認した事例。

被災箇所の正面写真を添付することで、写真との位置関係を把握しやすい。

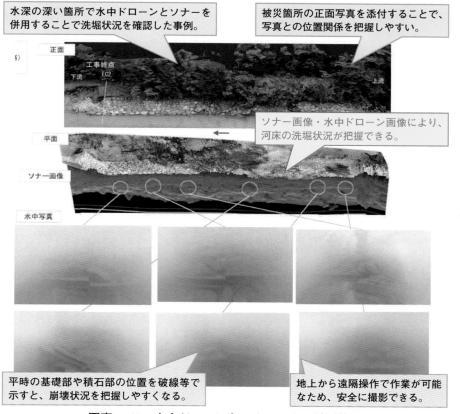

正面

工事終点
EC2
下流　　　　　　　　　　　　　　　　　　　　　上流

ソナー画像・水中ドローン画像により、河床の洗堀状況が把握できる。

平面

ソナー画像

水中写真

平時の基礎部や積石部の位置を破線等で示すと、崩壊状況を把握しやすくなる。

地上から遠隔操作で作業が可能なため、安全に撮影できる。

写真－41　水中ドローンとソナーによる計測状況

③ 復旧範囲の妥当性を確認するために、護岸等の構造物が死に体となっていることを証明する写真を撮影すること。

状況写真の目的：構造体等が機能していない状況（死に体）の確認

近景でポールもしくはスケールの値等が確認できる写真を準備するのが望ましい。

写真－42　護岸被災箇所の計測状況

④　漏水被害は、日時の経過とともに不明確になるおそれがあるので、漏水、水防作業等の状況、実施済の水防工法等当時の実態を示す写真を撮影しておくこと。

ポールは必ずしも設置しなくてよい。

25.00付近
湧水状況

湧水状況を撮影。

写真－ 43　湧水状況の確認

⑤　地震、干ばつ等により発生した亀裂等については、亀裂に沿って石灰等を投入してその状況を撮影するとともに、亀裂の状況、位置、幅、延長、深さ等についても工夫して撮影のこと。

幅、深さの数値を記載することが望ましい。

亀裂の幅、深さを撮影。

上空から全景を撮影し、延長を示すと良い。

写真－ 44　スタッフによる亀裂の幅と深度の測定状況

石灰を投入する前の亀裂の状況を記録するため、作業中の写真も撮影する。

写真－45　亀裂に石灰を投入している状況

幅、深さの数値を記載することが望ましい。

写真－46　石灰の侵入状況

⑥ 河岸（特に天然河岸）の被災については、背後地、堤内地側、上下流の状況写真も撮影すること。

延長を示す場合は、被災箇所の正面を上空からドローンで撮影すれば、周辺を含めた広域の写真を撮影でき、分かりやすい。

被災箇所の隣接区間の整備状況がわかるように撮影。

河道内から撮影したものと見受けられるが、やむを得ない場合を除き、河道内へは立ち入らない。

写真－47　上下流の状況

背後地が分かるように撮影。

写真－48　背後地の状況

⑦ 井堰等により湛水している箇所の災害については、落水時のものも撮影すること。

⑧ ダム貯水池の流木等の除去に係る写真については、測点、ポイント等を設け、全景、部分（断面も含む。）写真等、数量把握に役立つよう工夫して撮影すること。流木の堆積は広範囲に及ぶことが多いため、ドローンにより上空から広範囲を撮影することが効果的である。

堆積の全体が写るように撮影する。地上から広範囲を撮影することが難しい場合があるため、ドローンによる撮影が効果的である。

堆積範囲は縮尺の分かる平面図等を添付する。

流木堆積の全景・延長を撮影し、延長を記載する。

写真－49　流木等の堆積状況

厚さ30cmと測定しているものであるが、手前の流木を除去して下端まで確認できる写真とすること。

写真－50　流木の厚さ測定の例

流木下部の地盤を露出させて計測する。

写真－51　流木の厚さ測定の例（陸上）

水面にある流木の上下面をポール等で示して流木厚を計測する。

写真－52　流木の厚さ測定の例（水中）

⑨　河道の埋塞、侵食等の被災延長が長い場合や、河道の湾曲部における被災は、地上から全景を撮影することが難しく、継写真のひずみが大きくなる場合がある。そのため、ドローンや360度カメラを活用し広域の写真を撮影することで、全景や周辺状況の把握が容易となる。

被災箇所の直上空から真下方向に撮影し、周辺状況を含めた河道の全景を撮影。航空写真を用いることで、河道状況や被災箇所、延長を把握しやすい。

湾曲部は流況が複雑なため、この写真を用いて被災形態とメカニズムを図示した写真を別途作成すると良い。

写真－53　ドローンによる全景写真（真上から撮影）

ドローンにより上空から俯瞰して撮影することで、全景を写すことができる。

既設コンクリート護岸との境界部の状況を確認するため、詳細写真も撮影する。

湾曲部は流況が複雑なため、被災形態とメカニズムを図示した写真を別途作成すると良い。

写真－54　ドローンによる全景写真（正面から撮影）

⑩ 洗掘、侵食被害に対する対策工を検討する場合、被災メカニズムを考慮する必要がある。そのため、災害査定添付写真には被災時の洪水の流路や周辺構造物の被災状況など、被災メカニズムを推定する写真を撮影することが重要である。

写真－55　被災メカニズムを示した詳細写真（護岸）

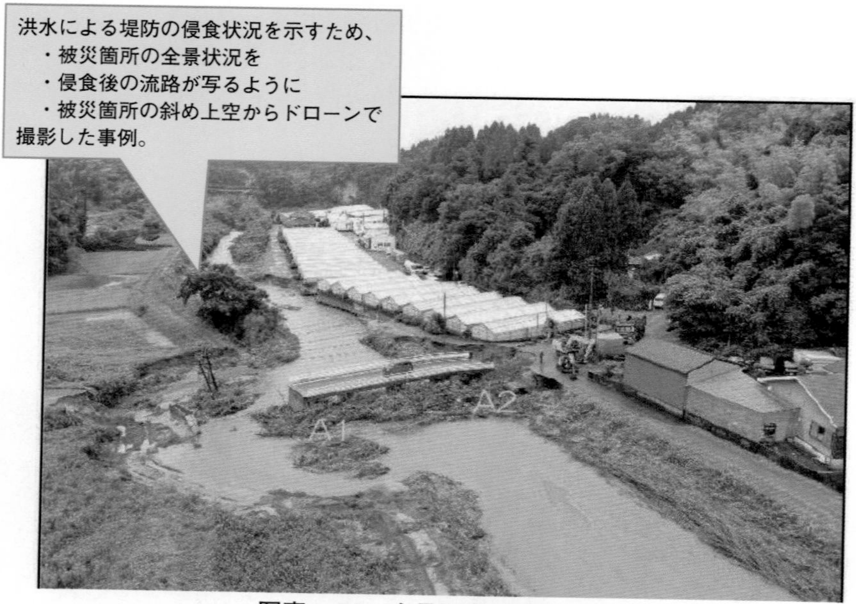

洪水による堤防の侵食状況を示すため、
・被災箇所の全景状況を
・侵食後の流路が写るように
・被災箇所の斜め上空からドローンで
撮影した事例。

写真－56　全景写真（河岸侵食）

河岸侵食を誘発した橋脚部での河川閉塞
の原因である、上流側の土砂崩壊を上空
から撮影し、被災メカニズムを明示。

写真－57　被災メカニズムを示した全景写真（河岸侵食）

⑪　河川構造物の被災箇所では、護岸の部分崩壊、矢板護岸の傾倒など危険を伴う場合がある。その際は、作業員は被災箇所に近接せず、ドローンや 360 度カメラに一脚等をつけて離れた箇所を撮影できるようにしたもの等により写真撮影を行い、測量はレーザ測量を実施するなどで対応する。

傾倒した矢板護岸上で計測しており、危険である。

写真－ 58　傾倒した矢板護岸上での撮影状況

⑧　護岸崩壊

崩壊した護岸上で計測しており、危険である。

↓ NO.1

写真－ 59　崩壊した護岸上での撮影状況

■写真撮影時のポイント一覧
　河川分野の被災に対して事例を使って写真撮影時のポイントを整理した。

表－2　写真撮影時のポイント一覧（河川分野：1/2）

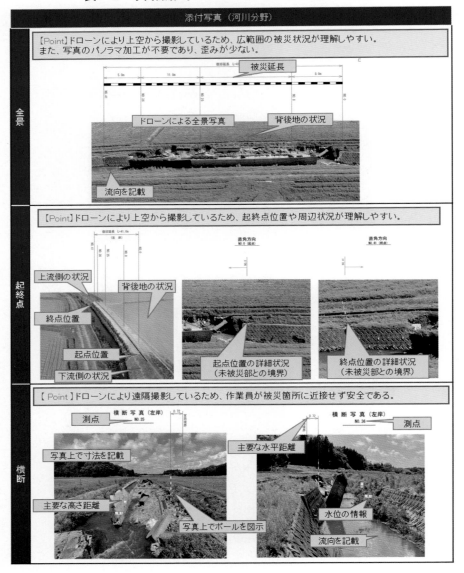

表－3　写真撮影時のポイント一覧（河川分野：2/2）

添付写真（河川分野）

詳細

【Point】写真の位置関係が明示されているため、損傷状況が理解しやすい。

既設工の主要寸法

既設工の主要寸法

被災箇所の詳細状況
（擁壁の傾倒部分）

写真ごとの位置関係を図示

既設擁壁の勾配

被災メカニズム等

【Point】被災水位（災害採択の決定要件）や被災メカニズムを記録している。

■洪水痕跡写真

痕跡水位を図示

■被災メカニズムに関する資料

残留水圧による護岸の倒壊

被災メカニズムを図示

洪水減水時に背面との水位差が生じ、
残留水圧により護岸が川側へ転倒

その他

【Point】ドローンにより上空から撮影しているため、周辺の道路状況が理解しやすい。
また、測量実施前に仮設計画を進めることができるため、査定期間の短縮につながる。

■工事用道路

被災箇所までの経路を
航空写真で図示

工事用道路の幅員

(2) 海　岸

① 根固工を申請する場合は、深掘れ（地盤の低下）の状況が分かる詳細写真を撮影すること。

② 消波工を申請する場合は、越波で施設が被災した状況が分かる詳細写真を撮影すること。

③ 護岸工等の背面の被災については、その状況が確認できるよう工夫して撮影すること。ドローンを使った空中写真では広範囲の撮影が可能であり、有効な活用が望まれる。なお、撮影は、干潮時に行うこと。

写真－60　被災した海岸施設の背後状況を含めた全体写真の事例

④ 離岸堤、消波工、根固工等の沈下等については、被災前の状況を写真に線画表示する等沈下量等が分かるよう工夫して撮影すること。また、危険な水中・水上部ではポール等の設置に代えて「水中ソナー測量等」や「水中ドローンを使った現状写真撮影」を行うなど工夫すること。

写真－61　離岸堤に被災前の状況を線画表示して工夫した事例

　海岸分野の被災に対して事例を使って写真撮影時のポイントを整理した。

表－4　写真撮影時のポイント一覧（海岸分野：1/2）

表－5　写真撮影時のポイント一覧（海岸分野：2/2）

(3) 砂防設備

① えん堤等構造物の被災については、その形状が分かるようポール等で表示して撮影すること。

② えん堤水叩部、護床工等の被災については、深掘れ、河床低下等が分かるようポール等で表示して撮影すること。水深の深い大きな河川ではポール等の設置に代えて「水中ソナー測量等、水中ドローン等による撮影・計測」を行うなど工夫すること。

また、被災箇所が水中部にある場合は、水位が下がった状態で撮影すること。

■写真撮影時のポイント一覧
　砂防分野の被災に対して事例を使って写真撮影時のポイントを整理した。

表－6　写真撮影時のポイント一覧（砂防分野：1/2）

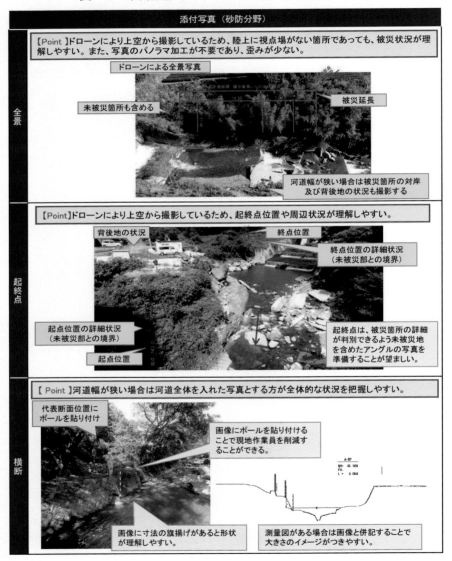

表－7　写真撮影時のポイント一覧（砂防分野：2/2）

添付写真（砂防分野）

詳細

【 Point 】水面下の被災状況は、水中ソナーや水中ドローン等を活用すると確認が可能となる。ただし、水質や流速等の制約を受ける。

平面

ソナー画像

水中写真

画像にポールの貼り付けや寸法の旗揚げがあるとわかりやすい。

水中では画質が悪くなるので、流向や被災状況のコメントを追加する。

被災メカニズム等

【 Point 】災害採択の決定要件となる被災水位を痕跡写真として記録している。

■被災時水位（D.H.W.L）

被災時水位

流向を記載

△測点 12.98～測点 32.99 区間

被災時水位痕跡を確認できる個別写真を別途準備

その他

【 Point 】川裏側の写真を添付し、土砂の吸出し状況が明確である。また、被災前の写真を添付することで、出水による被災箇所、被災形態を把握することができる。

■川裏被災状況

■被災前状況

被災規模等が確認できるようにポールやスケールを配置

△測点 4.99　付近

△測点 0.00　付近

被災前の現地状況を準備すれば、被災前後で対比することで状況を理解しやすい。

(4) 地すべり防止施設（地すべりによる他の工種の災害を含む）

① 地すべり災害については、地すべりの範囲、移動方向の分かる全景写真を撮影すること（主測線や不安定土塊を表示すること）。全景写真は被災箇所が広範囲に及ぶことが多いため、ドローン等による空中写真を撮影することが望ましい。なお、地すべりの範囲を引出し線、線画表示するなど工夫すること。

② 滑落部、クラック、地すべり先端部、末端部等については、その状況が分かるようポール、スタッフ等で表示して撮影すること。

(5) 急傾斜地崩壊防止施設

① 法枠、擁壁等構造物の被災については、その状況が分かるようスタッフ、ポール、リボンテープ等で表示して撮影すること。

② 擁壁等の起き上がり、はらみ出し、ズレ等についても、その状況が分かるよう撮影すること。

③ 被災箇所が広範囲に及ぶことが多いため、ドローン等による空中写真を撮影することが望ましい。

被災範囲が広い場合は、空撮画像に被災規模等を記載すると状況が把握しやすい。

【ドローンによる被災箇所全景】　　　【ドローンによる点群データ】

写真－62　地すべり災害において、空中写真等に線画表示して工夫した事例

■写真撮影時のポイント一覧

　地すべり対策・急傾斜地崩壊防止施設分野の被災に対して事例を使って写真撮影時のポイントを整理した。

表－8　写真撮影時のポイント一覧（地すべり・急傾斜地分野：1/2）

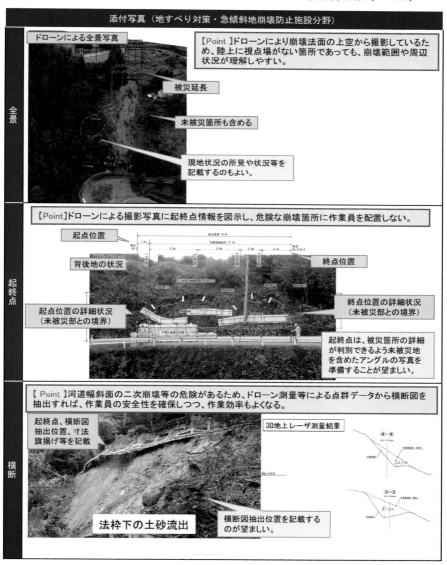

添付写真（地すべり対策・急傾斜地崩壊防止施設分野）

詳細	【Point】ドローンにより法面保護工等の損傷・空洞などを撮影することで、危険箇所に作業員を配置しないため、安全である。  被災規模を示す寸法旗揚げ等を記載 写真6　法枠下空洞近景 （2021/8/30ドローン撮影） 近景の写真だけでは位置特定が難しいため、遠景の写真も準備する  石積擁下流壁基礎出（奥行50cm）
被災メカニズム等	【Point】被災要因やメカニズムを説明できる現地の状況を撮影する。 ■被災端部の状況から被災メカニズムを説明  目視における土質の状態等を記載 （土の締まり具合：ルーズ等） 被災要因が想定できるコメントを記載 
その他	【Point】施工に必要となる仮排水の放流先等の規模等も現地確認しておく。 ■仮排水の放流先となる既設排水路  構造物規模が確認できるようにポールやスケールを配置

(6) 道 路

① 前後道路の幅員等が分かるよう引出し線の表示やスケールの貼付等の工夫をする。

② 緊急な崩土除去を伴うものについては、その状況が判断でき、かつ被災直後と緊急対応後を対比できるように撮影すること。なお、崩土が通行の妨げとなっている場合は、横断写真をポール、スタッフ等で表示して撮影すること。

【被災直後の全景 （ドローン活用）】

【緊急対応後の状況 （ドローン活用）】

写真－63　緊急的な土砂除去を伴う被災状況写真の事例

③ 法面工を申請する場合は、前後の施設が復旧工法の参考になる場合もあるので、これらも含め撮影のこと。また、裸斜面がある場合は、その土質、地質状況を撮影しておくこと。

④ 法面に湧水、亀裂がある場合、路面にクラックがある場合等は、その状況、位置、幅、深さ等が判るような写真を撮影すること。

■写真撮影時のポイント一覧
　道路分野の被災に対して事例を使って写真撮影時のポイントを整理した。

表－10　写真撮影時のポイント一覧（道路：1/2）

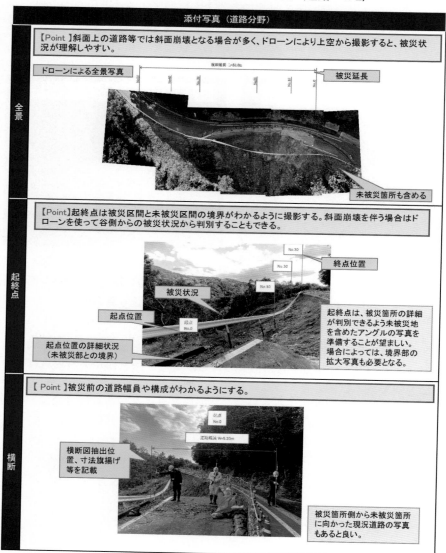

添付写真（道路分野）

詳細

【 Point 】詳細位置の計測を実施しているため、壁面の崩壊状況を理解しやすく、対策工の諸元決定に活用することができる。

被災規模を示すポール、スケールを配置

被災規模を示すポール、スケールを配置

詳細な写真だけではなく、遠景写真もあると状況が把握しやすい。

被災メカニズム等

【 Point 】作業員の配置が危険である箇所の状況をドローンにより撮影することで、安全面に配慮して、被災メカニズムや補修方法の検討に必要な情報を取得している。

■不安定土塊の状況

■亀裂の状況

被災要因が想定できるコメントを記載

被災要因を説明する亀裂等を明示

その他

【 Point 】被災規模や復旧する際の既設公共施設の規模が証明できるに現地写真を撮影しておく。

■仮排水の放流先となる既設排水路

現況道路の舗装構成がわかる写真を撮影

舗装下部の地盤が崩壊している場合は、その規模を把握

(7) 橋　梁

① 橋梁の幅員及び前後道路の幅員が分かるよう撮影すること。

② 被災部分と未災部分が区別できるよう考慮すること。特に、橋脚の沈下、傾斜等の被災については、その状況（段差、開き、沈下、傾斜等の数値）が分かるように必要に応じて、ポール、スタッフ、リボンテープ等で表示して撮影すること。

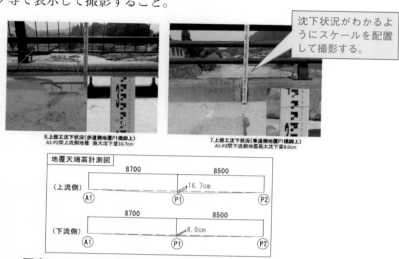

沈下状況がわかるようにスケールを配置して撮影する。

6.上部工沈下状況(歩道側地覆P1橋脚上)
A1-P2間上流側地覆　最大沈下量16.7cm

7.上部工沈下状況(車道側地覆P1橋脚上)
A1-P2間下流側地覆最大沈下量8.0cm

写真－64　橋梁が沈下した災害で沈下量を示した事例

③ 河床の洗掘による橋脚又は橋台のフーチングの露出等の被災については、その状況が分かるよう撮影すること。

フーチング部の洗掘状況を寸法表示する。

写真－65　橋脚部の河床洗掘状況を示した事例

■写真撮影時のポイント一覧
　橋梁分野の被災に対して事例を使って写真撮影時のポイントを整理した。

表－12　写真撮影時のポイント一覧（橋梁：1/2）

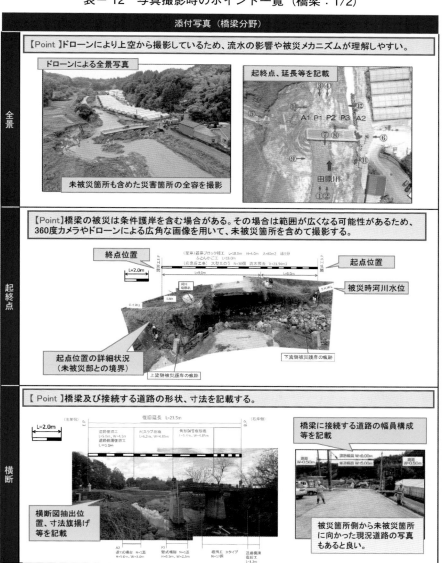

表－13 写真撮影時のポイント一覧（橋梁分野：2/2）

２－４　写真撮影の方法
(1) 全 景 写 真
　　全景写真は被災延長が短い場合は地上からカメラにより撮影することも可能であるが、広範囲を撮影する必要があることが多いため、ドローンによる上空からの撮影が効果的である。撮影時は、被災の全景、範囲などが良く分かるように周辺を合わせて撮影すること。

　　起終点、各測点にポールを設置して撮影するほか、杭間距離表示、スケール貼付など工夫すること。なお、起終点や測点位置、延長は、撮影した写真に追記して示してもよい。また、被災前形状等を表示する必要がある場合は、写真に線画表示すること。

1）地上から撮影する場合
　①　短い延長の撮り方
　　　延長が数メートル程度と短い場合は、１カットの撮影で被災延長を表すことができる。
　　　その際、被災区間とカメラが平行になる正面から撮影すると見やすい写真となる。

写真－66　河川災（石積工被災）の全景写真

起点（NO.0）　　　　　　　復旧延長L=15.0m　　　　　　　終点

7.0　　　　　　　　　　　8.0

すべり箇所に対し、正面から地上で撮影した事例。

被災の起点・終点、未被災箇所を含めて撮影する。

斜面での被災は、地上からの写真では全景が把握しにくい場合があるため、ドローンによる航空写真が効果的である。

写真－67　道路災（山側斜面被災）の全景写真

ドローンにより、被災の起終点、周辺状況、すべりの全域を撮影可能。

別途写真で高さや延長等の寸法を記載すること。

写真－68　斜面の全景写真をドローンで撮影した事例

② 長い延長の撮り方

　被災延長が長い場合、例えば数十メートル以上の場合は1カットの写真で全体を撮影することは困難である。

　このためドローン、パノラマ写真、360度動画等によって撮影すると効果的に広範囲の写真が撮影できる。地上からの撮影手段しかない場合は、カメラを回転させた継ぎ写真、撮影方向を変えた組写真等で撮影すると良い。さらに延長が長い場合は縦断方向から撮影する組写真とする。

　なお、延長が長い場合のスケール貼付については、スケールの単位を適宜設定すること。

（イ）カメラを回転させた継ぎ写真

　同地点でカメラを回転し継ぎ写真を作る例がある。この場合、広角レンズによる写真も考えられるが、写真の歪みが大きく好ましくない。

（ロ）カメラを平行移動した継ぎ写真

　被災区間と平行にカメラを移動して数カット撮影し、集成する方法があるが、継ぎ方がむずかしい点もある。このような場合は、不動点（被災箇所の特徴、杭等）を求め、数カットのまま利用するとよい。

（ハ）撮影方向を変えた組写真

　地形上被災区間を斜めからの撮影になる場合は、起点側、終点側の両方向からの撮影のほか、中間部分の補足写真も加え、組写真で延長の証明をする。

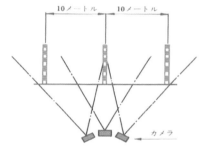

図－2　カメラを回して撮る方法（5割程度を重複して撮り、はり合せる）

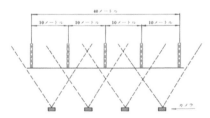

図－3　カメラを移動して撮る方法（5割程度を重複させ、カメラ高さおよび被写体までの距離を一定にして撮り、はり合せる）

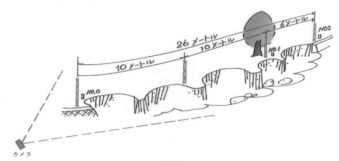

図－4　撮影方向を変えた組写真による方法
（起点側からの撮影であるが、終点側がよく分らない）

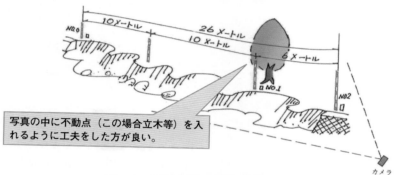

写真の中に不動点（この場合立木等）を入れるように工夫をした方が良い。

図－5　撮影方向を変えた組写真による方法
（終点側からの撮影により補完する）

（ニ）更に延長が長い場合

　延長が長く以上の（イ）〜（ハ）の方法が困難な場合は施設に沿って撮影する。

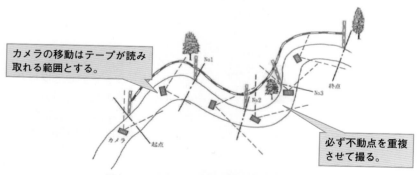

カメラの移動はテープが読み取れる範囲とする。

必ず不動点を重複させて撮る。

図－6　縦断方向から撮る組写真による方法

継写真とする場合は、ひずみが小さい
「カメラを平行移動した継写真」とする。

P878.6

写真- 69　継ぎ写真の事例

①全景写真

復旧延長　L=20.7m

パノラマ写真は360度カメラや
スマートフォン等で撮影可能。

湾曲した場合や移動しての撮影が
難しい場合は、パノラマ写真とする。

写真- 70　パノラマ写真の事例

2) デジタル技術を活用した撮影方法

全景写真の撮影時には、

・被災箇所の起終点、未被災箇所の状況を含めた全容が把握できるか
・被災延長が分かりやすい画角となっているか
・背後地の利用状況、周辺の被害状況が把握できるか

等に注意して撮影する必要がある。

護岸の被災、斜面のすべりによる被災では広範囲の写真を撮影する必要があるため、ドローンを用いた空撮が有効である。

被災箇所に対し、下記を参考に撮影する。

表－14　全景写真の撮影方法

項目	撮影方法
飛行高度	被災箇所、周辺地形が含まれる高度 （上下流、背後地の状況把握には、川幅の3倍程度の範囲が写る高さが目安となる。）
被災箇所に対する向き	正面または直上空
カメラ俯瞰角度	■構造物の被災の場合 斜め下向きとする。（被災箇所の奥行きが分かるように撮影する。） ■河道埋塞、ダムの流木堆積など 真下へ向ける。（平面的な被災の全容が把握できるように撮影する。）

斜め上空から撮影すると、奥行きが把握でき、構造物の被災状況がわかる。

未被災箇所との境界（民家）や、背後地の状況が分かる。

写真－71　斜め上空から全景を撮影した事例

直上空から撮影すると、より広範囲の状況が把握できるが、被災箇所の横断的な情報は得られにくい。

急斜面が近接し、周辺は農地であることが分かる。

被災箇所の起終点位置や、法面のすべりによる被災であることが分かりやすい。

写真－72　直上空から全景を撮影した事例

■飛行高度を変化させた撮影事例

上流域(i=1/60)　　　飛行高度：20m　　　　　上流⇒下流

被災規模、復旧対象となる構造物の大きさ等を考慮して、飛行高度を決定するのが望ましい。

B=15m

写真の撮影範囲：
30m程度（川幅Bの倍）

上流域(i=1/60)　　　飛行高度：50m　　　　　上流⇒下流

B=15m

写真の撮影範囲：
75m程度（川幅Bの5倍）

上流域(i=1/60)　　　飛行高度：80m　　　　　上流⇒下流

B=15m

写真の撮影範囲：
105m程度（川幅Bの7倍）

写真－73　飛行高度を変化させた撮影事例（1/2）

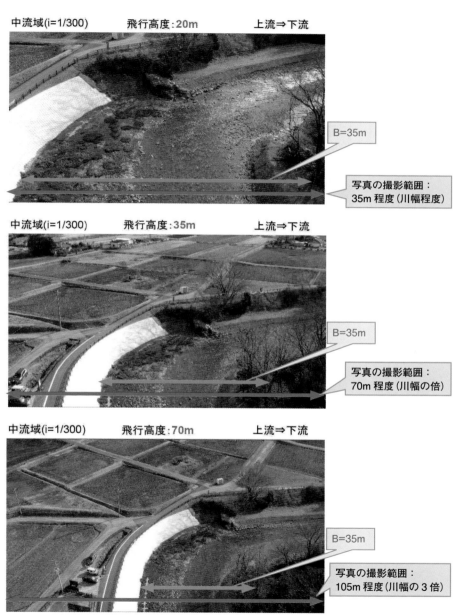

中流域(i=1/300)　　　飛行高度：20m　　　上流⇒下流

B=35m

写真の撮影範囲：
35m 程度（川幅程度）

中流域(i=1/300)　　　飛行高度：35m　　　上流⇒下流

B=35m

写真の撮影範囲：
70m 程度（川幅の倍）

中流域(i=1/300)　　　飛行高度：70m　　　上流⇒下流

B=35m

写真の撮影範囲：
105m 程度（川幅の 3 倍）

写真－74　飛行高度を変化させた撮影事例（2/2）

(2) 前後、周辺、背後地等の状況写真

① 前後・周辺の状況写真（測量成果があれば引出し線表示で可）

前後（上下流）の状況写真は、未被災箇所との境界位置や、隣接する既設構造物を確認するために用いられる。復旧工法は、前後（上下流）に位置する既設構造物の構造等から構造形式等が決定する場合もあるため、撮影しておくこと。

さらに、今後の増破があった場合の比較資料とするため、被災箇所の起終点前後の未被災箇所も撮影し、保存しておくことが重要である。

下流側で根固工が確認できたため上流側の復旧工事でも根固工が採択された。

写真－75　前後（本件は下流側）の状況

② 背後地の状況写真

背後地の土地利用状況写真は、住宅、鉄道、田畑、公共施設等の利用状況を写真で確認し、復旧による経済効果を推定するために用いる。特に、天然海岸、天然河岸の災害では、背後地の土地利用状況が採択の判断要素となることから、被災箇所の撮影時には背後地を含めた広範囲の写真を撮影すること。

天然河岸の被災では、特に背後地の分る写真が必要である。

写真－76　被災箇所（天然河岸）の全景

背後地の写真添付により経済効果が確認され、採択となる。

写真－77　写真－76の背後地の写真

背後地が確認できなかったため机上から実地査定となった。

写真－78　背後地の確認できない写真

③　デジタル技術を活用した撮影方法

　　周辺状況や背後地の写真撮影時は、背後地が田畑のように視界が良好な場所では360度カメラを用いた地上からの撮影も可能な場合があるが、広範囲の写真を撮影する際は、ドローンにより上空から撮影する方法が効果的である。

360度カメラでは、被災箇所のみならず、周辺状況の画像も撮影・切り出しが可能となる。

【アプリケーションで全体を球面表示した画像】　【被災箇所を拡大して取り出した画像】

写真－79　360度カメラを用いて被災箇所の修正全体を撮影した例

ドローンによる空撮では、広範囲にわたって被災箇所近傍の状況を把握することができる。

写真－80　ドローン空撮による被災箇所周辺を撮影した例

(3) 横断写真

① 撮影断面箇所の選定

横断面の写真を撮る場合は、まず、撮影断面箇所の選定から始める。選定にあたっては、標準横断図、または各測点の中で代表的な断面に近い箇所を数断面選び断面写真を撮ることが望ましい。

② 測点、水際杭のポール設置

写真の撮影にあたって、全景写真の測点等ポール、測線端部の見出しポール、水際杭の見出しポールを設置すること。ポールは現地に設置するのではなく、画像上に表記することでもよい。

③ 水深の大きな箇所

水深の深い大きな河川、海岸の水中・水上部ではポール等を設置しないこと。

④ 被災前形状

被災前形状等を表示する必要がある場合は、写真に線画表示すること。

⑤ 大規模被災箇所

被災規模が大きな斜面崩壊等では、地上からの写真撮影では全容が把握しずらいため、ドローンを使った広範囲の画像を使用することが望ましい。

写真－81　河川災の横断写真（ポール設置の例）

写真－ 82　砂防災（一定災）の横断写真（線画表示の例）

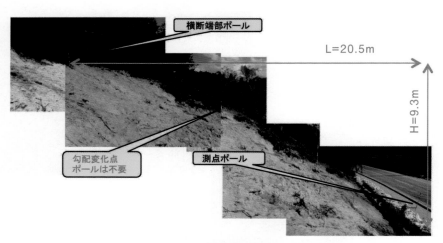

写真－ 83　道路災の横断写真（ポール設置の例）

写真－84　道路災の横断写真（ポールを設置しすぎている例）

写真－85　被災規模が大きな断面を空撮した例

(4) 詳細写真

① 被災箇所寸法

被災箇所はその形状、大きさがわかるようにポールの配置や寸法表記を行うこと。また、護岸、擁壁等の構造物背後や舗装下部等の土砂吸出し等の被災箇所においては、吸出された地盤の深さ（奥行）を計測すること。

② 被災メカニズム

未被災箇所を含めた広域な状況から、被災箇所における要因が推定できる局所的な写真を準備すること。

漏水災害では水防作業後の写真や漏水状況が確認できる写真が必要となる。

③ 痕跡水位

河川災では、洪水時の水位痕跡の確認が重要となるため、洪水時に上昇した水位の位置が確認できる写真（濁水による法面の変色の位置や流下してきた枯草等）を撮影すること。

④ デジタル技術を活用した撮り方

360度カメラ、ドローンによる空撮（動画、静止画）では、任意の画像を切り出すことができる。LiDAR等のレーザースキャン技術では、3次元CAD等を用いて任意地点の計測が可能となるため、積極的な活用が望まれる。

⑤ 復旧する構造形状を意識したポール等の配置

既存構造物の規模、形状が把握できるような写真を準備すること。復旧する構造物の構造等が想定できる場合は、その形状をポール配置・表示もしくは寸法表記することが望ましい。

写真－86　被災規模がわかるように撮影した例

写真－87　吸出しが生じた箇所の奥行きを撮影した例

水防活動の規模がわかるようにポールを配置しておくとよい。

写真－88　水防作業中の写真（月の輪工法の実施状況）

残留水圧による護岸の倒壊

洪水減水時に背面との水位差が生じ、残留水圧により護岸が川側へ転倒

画像にコメント等を加えることでわかりやすくなる。

写真－89　現地被災メカニズムを説明した例

※注）上記は詳細写真（被災状況の証明）として作成したもの。別途測
量成果がある場合には各測点毎に必要な写真ではないので注意する。

写真－90　現地被災水位の痕跡を示した写真の例（その1）

写真－91　被災水位の痕跡を示した写真の例（その2）

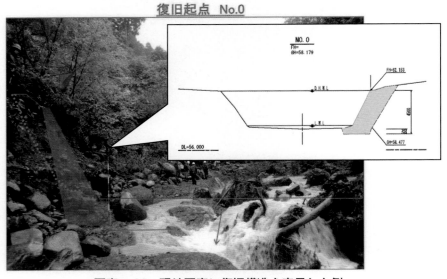

写真－92　現地写真に復旧構造を表示した例

写真－93　亀裂箇所に着色している事例

写真－94　既設構造物の断面測定の事例

写真－95　練石積護岸裏の吸い出し状況の測定例

被災箇所の法勾配
1:0.3（ポールで 0.4/1.4）

未被災箇所の法勾配
1:0.45（ポールで 0.8/1.8）

被災箇所と未被災箇所健全部とを比較することではらみ出し規模を示している。

写真－96　水防石積のはらみ出し状況の測定例

3 写真等の事例（分野別）

3-1 河川分野

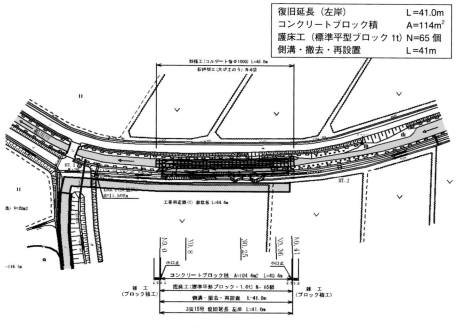

復旧延長（左岸）	L=41.0m
コンクリートブロック積	A=114m²
護床工（標準平型ブロック 1t）	N=65 個
側溝・撤去・再設置	L=41m

図-7　平面図

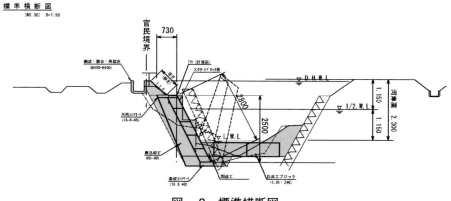

図-8　標準横断図

全 景
NO. 0～NO. 41

写真－97　全景写真

写真－98　被災状況写真

直角方向
NO. 0（起点）

直角方向
NO. 41（終点）

NO. 0

NO. 41

写真－ 99　起終点写真

NO. 36

小口止 H=3.000m W=0.700m

写真－ 100　被災状況写真

3－2　海岸分野

復旧延長	L＝121.1m
緩傾斜護岸工	L＝94.7m
護岸被覆ブロック（2t）	N＝547 個
根固めブロック（3t）	N＝550 個

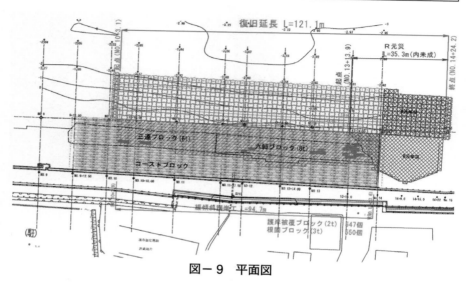

図－ 9　平面図

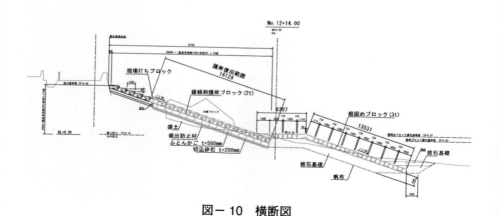

図－ 10　横断図

写真－ 101　海岸災　全景写真

写真－ 102　横断写真

写真－103　起終点写真

3-3 砂防分野

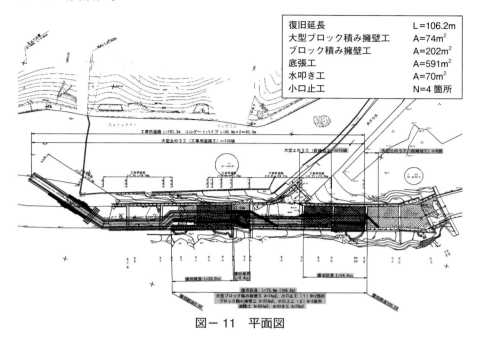

復旧延長	L=106.2m
大型ブロック積み擁壁工	A=74m²
ブロック積み擁壁工	A=202m²
底張工	A=591m²
水叩き工	A=70m²
小口止工	N=4箇所

図－11　平面図

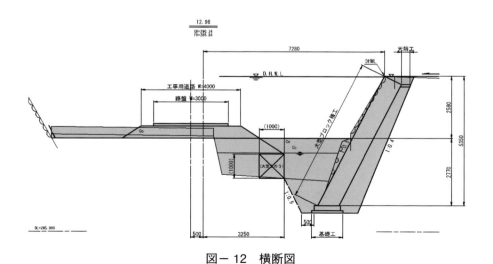

図－12　横断図

写真－104　全景写真

△測点 12.98〜測点 32.99 区間

写真－105　被災水位を記載した護岸部写真

起点部拡大

終点部拡大

写真－ 106　起終点写真

流水内、水際部では
ライフジャケットを着用すること。

死に体を証明する写真を撮影すること。

近接撮影位置がわかる遠景写真があると良い。

写真－ 107　被災箇所写真

3-4 地すべり・急傾斜地崩壊防止施設分野

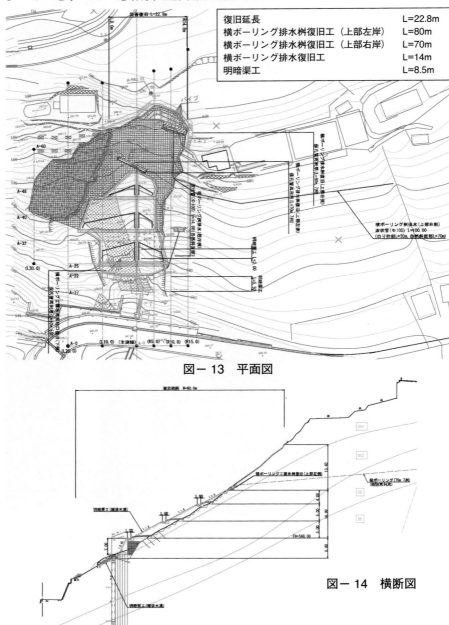

復旧延長	L=22.8m
横ボーリング排水桝復旧工（上部左岸）	L=80m
横ボーリング排水桝復旧工（上部右岸）	L=70m
横ボーリング排水復旧工	L=14m
明暗渠工	L=8.5m

図-13　平面図

図-14　横断図

不安定土塊

写真－ 108　全景写真

（注）写真に主測線や不安定土塊を表示すること

起点状況写真 　　　　　　　　　　　終点状況写真

写真－ 109　起終点写真

被災状況、規模等を確認するために、被災前後の写真を掲載する。

【被災前】　　　　　　　　　　　　【被災後】

写真－ 110　被災状況写真（被災前後）

3－5　道路分野

復旧延長	L＝22.0m
吹付法枠工	A＝723.7m²
モルタル吹付工	A＝605.9m²
ポケット式落石防止網工	A＝480.2m²

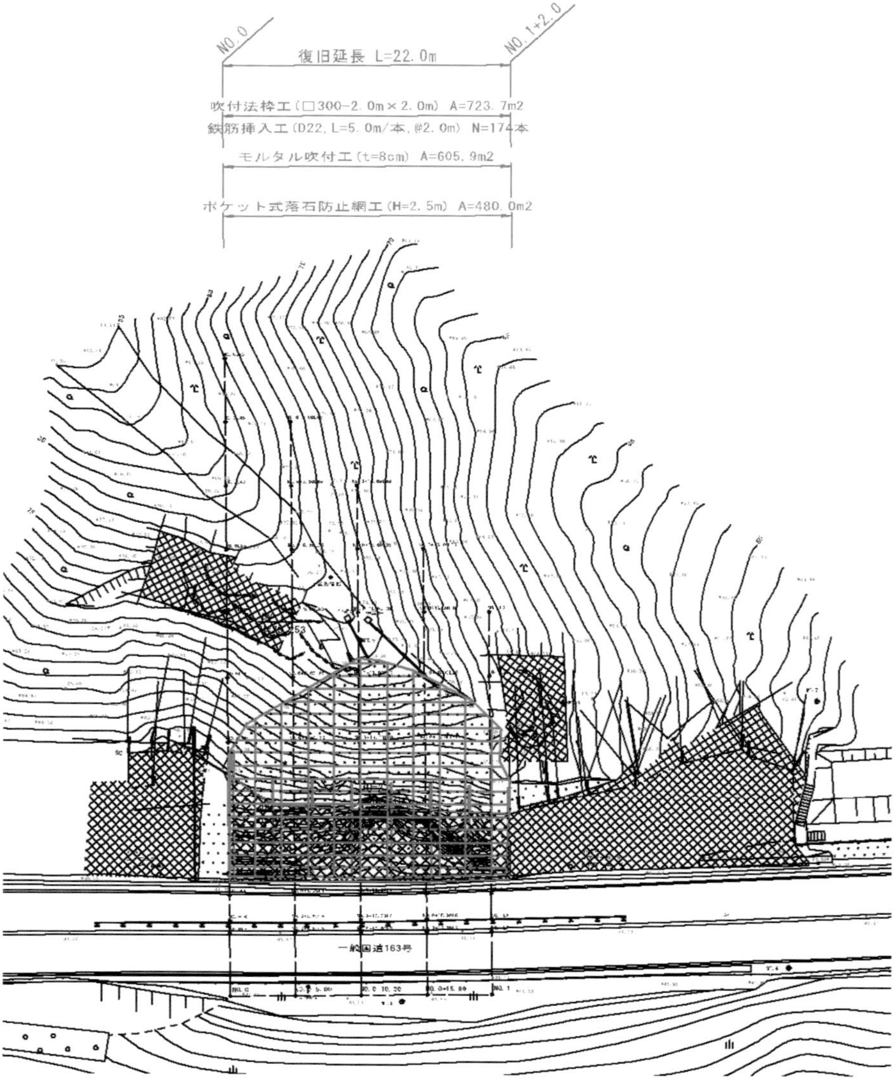

図－15　平面図

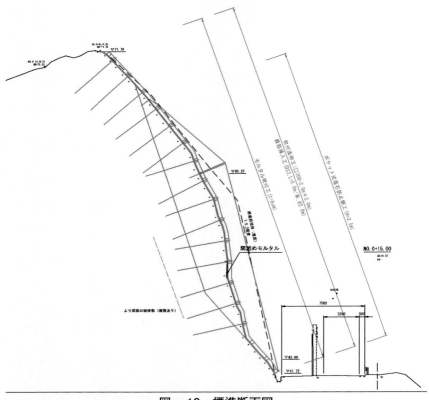

図ー 16　標準断面図

写真－111　全景写真

写真－112　横断写真

被災箇所全体のどの位置の写真であるかを示す。

写真－113　被災箇所写真

査定前に応急工事を実施する場合、被災状況の確認のため、必ず工事前の写真を撮影すること。

応急工事の受注業者等に写真撮影等を依頼することも考えられる。

写真－114　応急工事完了写真

3-6 橋梁分野

復旧延長　　　L= 27.2m
橋梁上部工　　PC ポステン T 型橋
橋梁下部工　　逆 T 式橋台（杭基礎）

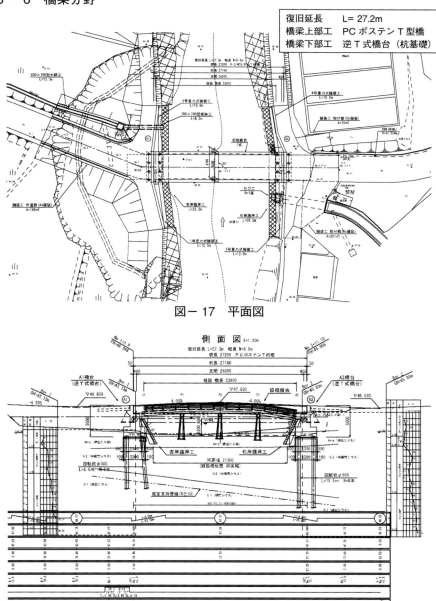

図-17　平面図

図-18　側面図

※赤丸数字は、整理した現地写真番号を示す

写真－ 115 　全景写真

【橋台】

【護岸】

写真－ 116 　被災状況写真

⑤　橋面　起点側　　　　　　　⑥　橋面　終点側

写真－ 117　起終点写真

被災前　　　　　　　　　　　被災後

写真－ 118　被災前後の比較写真

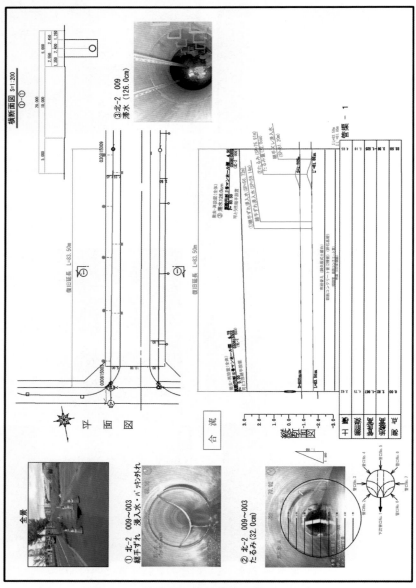

図－19　管路内の変状写真を整理した事例

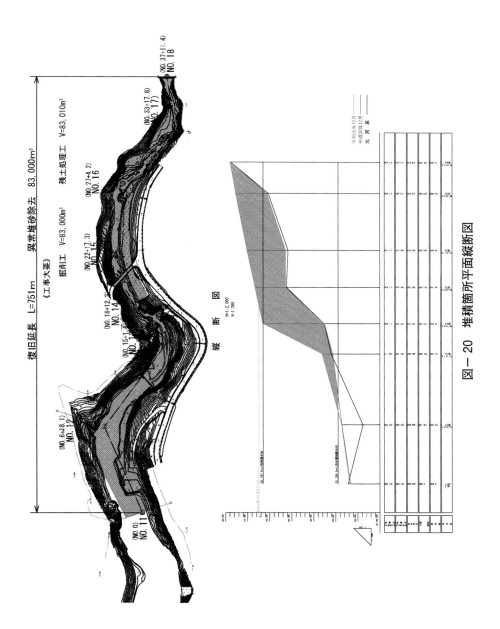

図－20　堆積箇所平面縦断図

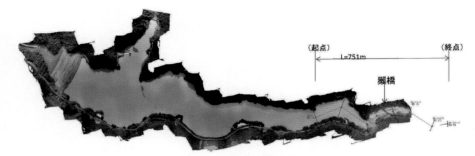
写真－ 119　全体写真

写真－ 120　堆積土砂状況写真（被災前後の比較）

3－9　凍上災

　凍上災とは、冬期の低温によって道路の路盤等に大きな霜柱が発生し地面が隆起する等の凍上現象により道路舗装にひび割れなどが発生する災害を指す。

　凍上災の災害復旧事業の採択要件を確認し、要件を満たしていることが判別できる写真等を準備する必要がある。

写真－121　凍上現象による道路舗装への被害事例（1/3）

写真－122　凍上現象による道路舗装への被害事例（2/3）

ひび割れの規模がわかるように写真の撮影を行うこと。

写真－123　凍上現象による道路舗装への被害事例（3/3）

公共土木施設災害復旧の

災害査定添付写真の撮り方　－令和5年 改訂版－

昭和58年9月 初版発行	定　　価（本体 3,300円＋税）
平成5年6月 改訂発行	
平成10年6月 改訂発行	
平成26年6月 改訂発行	
令和5年6月 改訂発行	

発　　行　　一般社団法人　全日本建設技術協会

東京都港区赤坂 3 － 21 － 13
郵便番号 107-0052　TEL 03-3585-4546 ㈹

ISBN978-4-921150-41-9　C3051　¥3300E

印刷　ニッセイエブロ㈱